Conducta poblacional de fitonematodos en cultivos agrícolas en el valle de Mexicali, Baja California

Benjamín Avena-Arambul
Carlos Ceceña-Durán
Daniel González-Mendoza
Onécimo Grimaldo-Juárez
Dagoberto Durán-Hernández

OmniaScience

Conducta poblacional de fitonematodos en cultivos agrícolas en el valle de Mexicali, Baja California

Autores:
Benjamín Avena-Arambul, Carlos Ceceña-Durán, Daniel González-Mendoza, Onécimo Grimaldo-Juárez, Dagoberto Durán-Hernández
Universidad Autónoma de Baja California, México

ISBN: 978-84-945603-0-9
DOI: http://dx.doi.org/10.3926/oms.350

ÍNDICE

ÍNDICE DE CUADROS

ÍNDICE DE FIGURAS

ÍNDICE DE GRÁFICAS

ÍNDICE DE TABLAS

RESUMEN

Los daños fitoparasitarios son ocasionados por una gran diversidad de patógenos, entre los cuales se encuentran los nematodos, que constituyen un grupo infeccioso que generan daños potenciales en las especies cultivadas. Los efectos de los nematodos parásitos de plantas (fitoparásitos), se subestiman frecuentemente por agricultores y técnicos agrícolas debido a los síntomas inespecíficos que producen, que suelen confundirse con desórdenes nutricionales, estrés hídrico, problemas de fertilidad del suelo, así como con otras infecciones secundarias causadas por hongos y bacterias, cuya entrada suele estar facilitada por la acción del nematodo. No obstante, estimaciones de diversas fuentes sugieren que los nematodos parásitos de plantas reducen la producción agrícola mundial entre un 12% y un 20%. En el valle de Mexicali, destacan por la superficie sembrada, los cultivos de trigo, y alfalfa, generando importantes ingresos en la zona agrícola. Muestreos efectuados en el valle han demostrado la presencia de estos microorganismos, razón por la cual se proyectó determinar las poblaciones existentes, por lo que se procedió a muestrear 100 predios de los principales cultivos de dicha región. Con la finalidad de distribuir y uniformizar adecuadamente el tamaño de muestra se estableció como punto central al Ejido Nuevo León y fraccionar el valle de Mexicali en cuatro cuadrantes. Se eligieron 25 predios al azar por cuadrante y en cada predio se colectó suelo y raíz mediante la técnica "cruz de oros" (5 puntos dobles) distribuidos uniformemente, de tal manera que de cada lote se obtuvo una muestra compuesta de 1 kg de suelo, a una profundidad de 25-30 cm. El proceso de extracción de nematodos se efectuó mediante le técnica tamizado-centrifugado y la identificación de géneros requirió del apoyo de equipo estereoscópico utilizando a su vez la técnica de «pesca de nematodos» empleando guías taxonómicas para diferenciación genérica. Los resultados demostraron la existencia de nematodos fitoparásitos destacando en general que en el cultivo de alfalfa, se detectaron siete géneros, entre los que sobresalieron por su mayor proporción: *Tylenchorhynchus sp.* (35.99%), *Pratylenchus sp.* (33.30%) y *Aphelenchus sp.* (11.48%). Así mismo, en el cultivo de trigo, el género *Pratylenchus sp.* fue el de mayor proporción con 64.25% seguido de *Tylenchorrhychus sp.*, con 30.69%. Los géneros *Psilenchus sp., Tylenchus sp., Paratylenchus sp. y Xiphinema sp.,* también se detectaron pero en menor proporción así como mayormente aislados.

Capítulo 1

INTRODUCCIÓN

Actualmente existen una serie de problemáticas que limitan la productividad de los cultivos a nivel mundial. Los nematodos son gusanos microscópicos no segmentados que constituyen el grupo más abundante de animales multicelulares en la tierra, ocupando la mayoría de hábitats. Existen nematodos bacterívoros, fungívoros, predadores de otros nematodos, parásitos de insectos y herbívoros o parásitos de plantas (estos causan significativos daños en los cultivos). Debido a su pequeño tamaño, a su semitransparencia y a que viven en el suelo, no pueden verse a simple vista y su estudio eficaz solo ha sido posible desde hace unas décadas, debido a la disponibilidad de microscopios de alta resolución y la implementación de técnicas para extraerlos del suelo, se ha permitido desarrollar estudios cuantitativos sobre sus densidades de población y correlaciones con los daños producidos en los cultivos. Algunos géneros de este tipo de microorganismos patógenos como *Pratylenchus sp.* se presentan en regiones altas atacando muchos cultivos. Loof (1991), establece que el ataque de estos patógenos está relacionado con un establecimiento deficiente de cultivos. Goodell, 1997, asegura que los fitonematodos son los responsables en segundo orden, de pérdidas de importancia económica en el suroeste de Estados Unidos. Este tipo de estudios sobre nematodos en México, requieren de más dedicación y difusión, además es necesario establecer bases para realizar trabajos encaminados a la investigación sobre especies de importancia parasitaria, así como observar los daños que ocasionan en los cultivos para tomar las medidas preventivas requeridas (Rico et al., 2001). Así, Cid del Prado y Manzanilla (1992), en un estudio de distribución de especies y razas de *Meloidogyne* en México, determinó un total de 56 poblaciones, de las cuales el 60.7% correspondió a *M. incognita*, el 21.4% para *M. arenaria*, el 12.5% para *M. javanica* y un 5.3% para *M. hapla*. Carrillo-Fasio et al. (2000), demostraron que el nematodo agallador de las raíces se encuentra distribuido en todas las zonas hortícolas del estado de Sinaloa en México, destacando la especie *Meloidogyne incognita* en la zona norte, centro y sur del estado; mientras que las especies de *M. arenaria* y *M. javanica* solo se detectaron en la zona centro. García et al. (2000), mencionan que los estudios regionales que muestran la condición sanitaria de un área agrícola, son útiles para definir la distribución y riesgo potencial de los patógenos y sus enfermedades. Smiley (2002), señala que los desórdenes ocasionados en el sistema radicular por nematodos parásitos en ocasiones son de difícil diagnóstico y frecuentemente pasan desapercibidos en las especies cultivadas hasta que la producción empieza a decrecer. No obstante, es común considerar el criterio de la selección de un predio partiendo exclusivamente de las características físicas y químicas del mismo; mas es recomendable determinar además la conducta biológica que se desarrolla en la capa arable, para elegir adecuadamente una estrategia como base de la selección y establecimiento de una especie a cultivar (Ceceña, 1999). Muestreos efectuados en diversas especies cultivables en el valle de Mexicali, han demostrado la presencia de estos microorganismos. (Ceceña et al., 2000). Por tal motivo es estrictamente necesario obtener información sobre la dinámica fitonematológica presente, en los suelos del valle de Mexicali, a fin de aplicar los métodos adecuados para disminuir la intensidad de éstos y en consecuencia el efecto patogénico, e inducir eficientemente la protección de los parámetros cuantitativos y cualitativos de los productos vegetales.

Esta investigación planeó la identificación de los principales géneros de fitonematodos de importancia económica en los cultivos de alfalfa y trigo, en el valle de Mexicali, B.C.

Capítulo 2

REVISIÓN DE LITERATURA

2.1. Aspectos generales del cultivo de alfalfa

2.1.1. La historia del cultivo de alfalfa

La alfalfa es la principal especie forrajera que se cultiva en todo el mundo. Esta especie pertenece al género *Medicago*, que comprende alrededor de 83 especies, de las cuales dos terceras partes son anuales y el resto son perennes (Small y Jomphe, 1988). Según Quiros y Bauchan (1988), el centro primario de diversidad de la alfalfa estuvo en el medio oriente, en la región del noreste de Irán, en el norte de Turquía y en la región del Cáucaso. Durante la expansión del Islam en los siglos VII y VIII, la alfalfa se distribuyó a diferentes partes de Europa, Asia y África (Rumbaugh et al., 1988). La alfalfa se introdujo a la región del centro de México durante la conquista española, de donde se extendió a lo que son ahora los estados de Hidalgo, Puebla, Guanajuato, Jalisco y Michoacán (Salinas, 2000). Actualmente, la alfalfa se cultiva desde el norte del país hasta algunas partes altas en el sureste del país. En el centro y norte de México, la alfalfa (*Medicago sativa* L.) es un cultivo muy popular entre los agricultores, teniendo un papel muy importante en la producción de leche en estabulación y en la elaboración de concentrados alimenticios para aves, ganado de engorda y equinos.

Se estima que se cultivan alrededor de 300,000 hectáreas de alfalfa bajo condiciones de riego en todo el país, sobresaliendo los estados de Guanajuato y Chihuahua como los líderes en superficie sembrada. Otros estados productores de forraje de alfalfa son Hidalgo, Puebla, Querétaro, Michoacán, Jalisco y Baja California.

2.1.2. El cultivo de alfalfa en Baja California

La alfalfa es un cultivo muy importante para el Valle de Mexicali, aunque también existen superficies considerables en la zona costa. A nivel estatal se cuenta con una superficie sembrada promedio en los últimos cinco años de 29,000 hectáreas, distribuidas con el 97% en el Valle de Mexicali y el 3% en la Zona Costa (Ensenada, Tijuana y Playas de Rosarito). Según datos del sistema producto alfalfa, el 75% de su totalidad se utiliza para alimentar aproximadamente 50,000 cabezas de ganado lechero, 15% de bovinos productores de carne y el 10% restante para la elaboración de alimentos concentrados. El bajo rendimiento del cultivo durante el invierno ocasiona una deficiencia de forraje en la región, lo que origina que se recurra a la importación de los Estados Unidos. El problema de la sequía en gran parte de la República Mexicana tuvo un impacto benéfico para los productores del valle de Mexicali durante el 2011 y, de manera moderada, en los primeros meses del 2012. En el valle de Mexicali se encuentra una superficie de 25,462 hectáreas, de las cuales surge una producción promedio de 642,655 toneladas anuales. Actualmente, la comercialización es: exportaciones, 19%; comercialización a otras entidades, 21%, y para el consumo local, 60%. Se logran rendimientos de 13.66 toneladas por hectárea anualmente y con un precio medio regional de 1,102.05 pesos por tonelada, lo cual arrojaría un valor de la producción en miles de 455,925.53; sin embargo se debe considerar que parte de la producción se comercializa principalmente en la ciudad de Tijuana B.C por la demanda del ganado lechero, otra parte se queda en Mexicali B.C comercializándose durante los meses de febrero a junio, no siendo redituable por el intenso calor los meses de julio y agosto y el resto se comercializa en otros estados de la República Mexicana.

2.1.3. Descripción botánica del cultivo

La alfalfa pertenece a la familia de las leguminosas (*Fabácea*), se trata de una planta frondosa, vivaz y de porte erecto. Hughes en 1978, cito que la alfalfa es una leguminosa herbácea perenne muy extendida. Es una planta de consistencia herbácea y perenne que por lo regular crece a una altura de 0.6 a 0.9 m. Una planta puede tener de cinco a más de 25 tallos o retoños que surgen de una corona leñosa. Esta corona es la estructura de invernación. Algunos tipos tienen rizomas cortos y se consideran variedades de corona ancha. Los tallos nuevos surgen de las yemas cercanas al área de la corona a medida que los antiguos maduran o se cosechan. Tiene una raíz principal bien definida, que puede penetrar en el suelo hasta una profundidad de 7.5 a 9 m o más. Su promedio de vida varía de cinco a siete años dependiendo de la variedad, clima, agua y suelo.

2.1.4. Descripción organográfica

2.1.4.1. *La raíz*

La raíz de la alfalfa penetra más que la de ninguna otra herbácea cultivada. Las plantas nuevas desarrollan una raíz pivotante que penetra rápidamente, llega a profundidades de 1.5 a 2 m durante su primera estación de crecimiento. La raíz principal es pivotante, robusta y muy desarrollada (hasta 5 m. de longitud) con numerosas raíces secundarias. Posee una corona que sale del terreno, de la cual emergen brotes que dan lugar a los tallos.

2.1.4.2. *El tallo*

Tiene tallos herbáceos, delgados, erectos y muy ramificados, de 60 a 90 cm de altura. Puede haber de cinco a 25 o más tallos por planta que nacen de una corona leñosa, de la que brotan nuevos tallos, cuando los viejos maduran y se cortan.

2.1.4.3. *Las hojas*

Las hojas son trifoliadas, de filotaxia alterna. Los foliolos son lineares oblongos y ovalado-oblongos, dentados hacia sus ápices con escasas estipulas y adherida al peciolo.

2.1.4.4. *La flor*

Las flores son libres y pequeñas localizadas en densos racimos axilares. Usualmente son moradas, pero algunas veces amarillas según la variedad. La flor de una leguminosa típica, tiene un pétalo estandarte, dos pétalos alas y dos pétalos quilla. Estos últimos que están unidos parcialmente, encierran al pistilo y a los estambres. Generalmente existen diez estambres, nueve de los cuales están soldados en sus filamentos formando un tubo que envuelven al estilo y ovario. Un estambre permanece libre de los demás. Los cinco pétalos se unen parcialmente para formar una corola de forma tubular. En la base de la corola hay secreción de néctar. El pistilo está formado de un solo carpelo que se desarrolla de un ovario.

2.1.4.5. El fruto

El fruto maduro es una vaina larga enrollada en espiral de tres a cinco vueltas e indehiscente; cada vaina lleva varias de dos a seis semillas de forma arriñonada.

2.1.4.6. La semilla

Las semillas son aproximadamente ovaladas o de aspecto de riñón y con una cicatriz en una depresión ancha cerca de un extremo en las semillas ovaladas o en una incisión bien definida, cerca de la mitad en las semillas de forma de riñón; su color es amarillo verdoso a café claro y con una longitud promedio de 1.5 mm.

2.1.5. Clasificación taxonómica de la alfalfa

Los niveles taxonómicos que corresponden a esta especie forrajera, se detallan a continuación:

Reino:	*Plantae*
División:	*Magnoliophyta*
Clase:	*Magnoliopsida*
Subclase:	*Aosidae*
Orden:	*Fabales*
Familia:	*Fabaceae*
Tribu:	*Rifolieae*
Género:	*Medicago*
Especie:	*Sativa L.*

Tabla 1. Niveles taxonómicos contemplados en el cultivo de alfalfa.

2.2. Aspectos generales del cultivo de trigo

2.2.1. La historia del cultivo de trigo

El trigo es uno de los tres granos más ampliamente producidos globalmente, junto al maíz y el arroz, y el más considerablemente consumido por el hombre en la civilización occidental desde la antigüedad, el trigo tiene sus orígenes en la antigua Mesopotamia. Las evidencias más antiguas del cultivo de trigo vienen de Siria, Jordania, Turquía, Israel e Irak (Ruíz, 1981). El trigo (*Triticum spp*) al igual que diversos cultivos, se introdujeron a México durante la conquista española, donde se distribuyeron primero al centro del país y posteriormente al norte del mismo. En todo el país este cultivo es muy popular, con una producción por encima de las 600,000 hectareas, pero se destacan en cuanto a superficie sembrada principalmente los estados de Sonora, Guanajuato, Baja California, Michoacán y Chihuahua.

2.2.2. El cultivo de trigo en Baja California

El cultivo de trigo en el valle de Mexicali, es de suma importancia, ya que en este se concentra el 98% de la superficie total del estado. Este grano se utiliza principalmente en la industria (molienda) con el 78% de la producción, el 7% se dedica al uso ganadero y el restante 15% se utiliza como semilla, esto según datos proporcionados por el sistema producto trigo del estado. La distribucion comercial de la cosecha se mantiene regularmente de la siguiente manera: cerca del 80% se vende en el mercado exportación a países europeos principalmente, el 19% de la producción se consume localmente y menos del 1% se comercializa en territorio nacional. Los rendimientos promedio son de 6.5 toneladas por hectárea y un precio medio de 3,312.4 pesos por unidad, lo cual genera un valor de producción en miles 1,774,184.00. (INEGI. 2007).

2.2.3. Descripción botánica del cultivo

El trigo pertenece a la familia de las gramíneas (Actualmente Poaceae), es una planta herbácea. Su sistema radicular es adventicio fasciculado con una longitud promedio de entre 0.60 a 1 m de longitud. El tallo es verde, rígido, formado por nudos y entrenudos. Las hojas son envainadoras que nacen de los nudos, acintadas, sin peciolo, que poseen la vaina, parte que sobresale del tallo. El limbo es una lámina verde, angosta y con nervaduras longitudinales del tipo paralelinerve.

El fruto es un cariópside con un solo grano, que es la semilla caracterizada por una hendidura longitudinal en la parte central, compuesta por el embrión y el endospermo.

2.2.4. Descripción organográfica

Las características relacionadas a la organografía del cultivo de trigo es citada por INFOAGRO (2002), tal y como se describe a continuación:

2.2.4.1. La raíz

La raíz del cultivo de trigo suele alcanzar hasta un metro de profundidad, situándose la mayor proporción de ellas en los primeros 25 cm del perfil del suelo. El crecimiento de las raíces comienza en el periodo de amacollo, estando todas ellas poco ramificadas. El desarrollo de las raíces se considera completo al final del encañe.

2.2.4.2. El tallo

Los tallos son huecos (caña), generalmente con 6 nudos. Su altura varía entre variedades y oscilan entre los .80 y 1.10m. Puede haber entre 5 y 6 hijuelos por planta y su solidez determinan la resistencia al encamado.

2.2.4.3. Las Hojas

Las hojas son cintiformes, paralelinervias y terminadas en punta, con bordes lisos en su mayoría y carecen de peciolo.

2.2.4.4. Flor

La flor consta de un pistilo y tres estambres. Está protegida por dos brácteas verdes o glumillas, de las cuales, la exterior se prolonga en una arista.

2.2.4.5. Inflorescencia

La inflorescencia es una espiga compuesta por un raquis (eje escalonado) o tallo central de entrenudos cortos, sobre el cual van dispuestas de 20 a 30 espiguillas en forma alterna y laxa o compacta, llevando cada una nueve flores, rodeadas por glumas, glumillas o glumelas, lodículos o glomélulas. (INFOAGRO, 2002)

2.2.4.6. Semilla

Los granos son cariópsides que presentan forma ovalada con sus extremos redondeados. El germen sobresale en uno de ellos y en el otro hay un mechón de pelos finos. El resto del grano, denominado endospermo, es un depósito de alimentos para el embrión, que representa el 82% del peso. A lo largo de la cara ventral del grano hay una depresión (surco): una invaginación de la aleurona y todas las cubiertas. El grano de trigo contiene una parte de la proteína que se llama gluten, el que facilita la elaboración de levaduras de alta calidad, que son necesarias en la panificación (Bogdan 2001).

2.2.5. Clasificación taxonómica del trigo

Los niveles taxonómicos de esta especie, se detallan a continuación:

Reino:	*Plantae*
División:	*Magnoliophyta*
Clase:	*Liliopsida*
Orden:	*Poales*
Familia:	*Poaceae*
Subfamilia:	*Pooideae*
Tribu:	*Triticeae*
Género:	*Triricum*
Especie:	*spp.*

Tabla 2. Niveles taxonómicos contemplados en el cultivo de trigo.

2.3. Los nematodos, limitantes de la producción

2.3.1. Generalidades de los Nematodos

El estudio de los nematodos ha alcanzado un gran desarrollo en algunos países como Estados Unidos de América, Inglaterra, Francia, Holanda, Alemania, México, entre otros. Conforme ha transcurrido el tiempo, su importancia se ha incrementado debido a que estos organismos son parásitos del hombre, animales y plantas. Los nematodos constituyen un grupo numeroso de organismos invertebrados con representantes en prácticamente cada uno de los diferentes hábitats; alrededor del 15% son parásitos de animales, 10% son parásitos de plantas, 5% viven en el mar, y el restante (70%), viven en aguas dulces y en el suelo. Aunque también hay otros grupos de nematodos que contribuyen en la descomposición de la materia orgánica de los suelos, y en el control biológico de insectos, nematodos y hongos.

En parasitología agrícola, los nematodos fitoparásitos tienen gran relevancia por los daños que inducen en las plantas, ya sea solos o en interacción con otros patógenos, los síntomas ocasionadas por los nematodos que se alimentan de las plantas, a veces son similares a los que causan los hongos, las bacterias y los virus. Por lo antes indicado, es muy importante la identificación de géneros y especies de nematodos involucrados en las enfermedades de los cultivos agrícolas, de igual manera, es de gran trascendencia conocer su biología y las alternativas para su combate. Para lograr un control eficiente de los nematodos, es indispensable un conocimiento detallado y completo de estos organismos en interacción con los factores ambientales.

Los daños ocasionados por cualquiera de las especies de nematodos fitoparásitos, dependen de la densidad de inóculo, la susceptibilidad del hospedante y las condiciones ambientales. El estrés que induce el parasitismo por nematodos puede influir directa o indirectamente en la producción de los cultivos, el daño directo corresponde al que ejerce el nematodo solo, durante el proceso de alimentación, trayendo consigo menor desarrollo radicular, plantas con menor vigor y tamaño, y en consecuencia, el rendimiento de los cultivos disminuye; esto último resulta obvio, porque las plantas afectadas aprovechan menos el agua, los nutrientes y la luz que las plantas sanas. Típicamente, el cuerpo de los nematodos es alargado, aunque en algunos géneros las hembras se tornan en forma de saco, pera o esfera en una degeneración de la musculatura somática y la subsecuente pérdida de la locomoción (*Tylenchulus*, *Meloidogyne* y *Heterodera*). Los nematodos muestran una considerable variación en su estructura interna y externa, aspecto que les ha permitido adaptarse a casi todos los ambientes donde hay vida. A pesar de la complejidad de su estructura, ciertos principios básicos son comunes en todos los nematodos.

El cuerpo de los nematodos se considera de simetría bilateral, aunque características de simetría radial y asimétrica puedan estar presentes en ciertos órganos y regiones del cuerpo; aspectos de simetría radial (triradial, tetraradial y hexaradial) se presentan en la región anterior, mientras que en los sistemas excretor, reproductivo, y el intestino se aprecian tendencias asimétricas.

La segmentación (transversal y longitudinal) de los nematodos es sólo aparente, porque sólo está confinada a la cutícula. La mayoría de los nematodos son pequeños y semitransparentes. La cavidad del cuerpo de estos organismos constituye un pseudoceloma, puesto que no está delimitada por epitelio (tejido tenue que cubre el cuerpo y los órganos); tal cavidad se encuentra llena de líquido pseudocelomático y en ella está el sistema digestivo y reproductivo. En los nematodos hay ausencia de los sistemas circulatorio y respiratorio.

En los huevecillos se forma el primer estado juvenil o larva, mismo que muda generalmente dentro del huevecillo, posteriormente eclosiona emergiendo el segundo estado juvenil, el cual está completamente desarrollado excepto el sistema reproductivo y ciertas estructuras accesorias; conforme la larva crece sufre cambios morfológicos, especialmente en la parte anterior y posterior, y el sistema reproductivo se desarrolla gradualmente. Un estado biológico se separa de otro por la muda (cambio de cutícula), generalmente se presentan cuatro mudas en el ciclo biológico de los nematodos. La longitud de los nematodos varía desde 0.2 milímetros a varios metros, aunque los fitoparásitos normalmente no son mayores de 4 mm.

2.3.2. Especies de importancia económica

Dentro de los géneros y especies de mayor importancia económica, se encuentran:

2.3.2.1. Nematodo nodulador de raíz (Meloidogyne spp.)

Es el género de mayor importancia en hortalizas, destacando cuatro especies, los cuales son comunes en el cultivo de tomate y que han generado problemas serios en la producción: a) *M. incógnita*, b) *M. arenaria*, c) *M. javanica* y d) *M. hapla.*

2.3.2.2. Nematodo lesionador de raíz (Pratylenchus penetrans)

Las especies de *P. penetrans*, son conocidas como una de las más graves en hortalizas. Es un fitoparásito obligado esencialmente de la corteza de la raíz, sin embargo, al alimentarse y lesionar constantemente, promueve la entrada a hongos fitopatógenos y otros microorganismos nocivos. (Ramírez, 2006).

2.3.2.3. Nematodo de formadores de quistes (Globodera rostochiensis)

Conocido con el nombre de "nematodo dorado de la papa" causante de quistes en las raíces de las plantas.

2.3.2.4. Nematodos de tallos y bulbos (Dytilenchus dipsaci)

Ditylenchus sobrevive en suelo o sobre tejidos vegetales como juveniles de cuatro estadíos y adultos.

Cuando la humedad es la adecuada y hay un cultivo hospedante presente, los nematodos migran hacia las hojas y tallos de las plantas jóvenes donde se alimentan. Las hembras pueden producir hasta 500 huevos y sobrevivir hasta 10 semanas. Los nematodos de los tallos y bulbos pueden persistir durante largo tiempo en suelo y son bastante resistentes a la sequía y a las bajas temperaturas.

2.3.3. Distribución geográfica

Los nematodos fitopatógenos habitan en casi todas las regiones templadas y cálidas del mundo. En la Tabla 3, se puede observar la distribución de algunos géneros importantes a nivel mundial.

Principales nematodos en tomate	Distribución geográfica
Meloidogyne spp.	Distribución cosmopolita
Pratylenchus penetrans	Distribución cosmopolita
Globodera rostochiensis	Áreas templadas y cálidas del mundo
Nacobbus aberrans	Algunas regiones de Europa, Asia, Norteamérica y Sudamérica (CABI y EPPO, 2009)

Tabla 3. Distribución de algunos géneros de nematodos a nivel mundial.

2.3.4. Sintomatología y daños de algunos géneros de fitonematodos

La sintomatología desarrollada por el ataque de nematodos fitoparasitarios, en mayor proporción se ubica en la zona radicular, ocasionando principalmente deficiencia en la absorción, ya sea por obstrucción o por lesiones mecánicas que algunos géneros son capaces de inducir. A continuación se describen algunos de los síntomas asociados a géneros de amplio impacto en la productividad agrícola.

2.3.4.1. Síntomas típicos causados por el ataque de Meloidogyne spp.

El síntoma típico es la formación de nódulos de forma irregular en la raíz; el punto de crecimiento se interrumpe, pero frecuentemente se desarrollan ramificaciones.

Con una alta población del patógeno se presentan plantas con un crecimiento reducido, la transferencia de nutrientes de la raíz a las demás estructuras de la planta se restringe lo que provoca un follaje amarillento que tiende al marchitamiento y a mostrar síntomas de deficiencias de nutrientes.

2.3.4.2. Síntomas típicos causados por el ataque de Pratylenchus penetrans

Las raíces afectadas presentan pequeñas lesiones húmedas y amarillentas que de pronto se tornan cafés o negras principalmente en raíces jóvenes hasta llegar a la muerte.

Las plantas afectadas crecen pobremente, disminuyen su rendimiento y por lo regular mueren antes de llegar a la madurez, debido a la disminución del sistema radical.

2.3.4.3. Síntomas típicos causados por el ataque de Globodera rostochiensis

Los primeros síntomas de la infestación son crecimiento vegetal reducido, clorosis y marchitamiento.

Las infestaciones severas pueden conducir a sistemas radicales reducidos y por ende a la disminución de nutrientes y agua, mientras que los efectos indirectos de una infestación incluyen senectud prematura y susceptibilidad a las infecciones por hongos (Overman, 2001).

2.3.4.4. Síntomas típicos causados por el ataque del Nematodo de tallos y bulbos

Deformaciones en hojas y bulbos son el síntoma más característico de las infecciones por *Ditylenchus dipsaci*. A menudo, las plantas jóvenes pueden morir cuando las infecciones son altas.

Los bulbos infectados presentan capas concéntricas de hojas marrones y a menudo se pudren durante el almacenaje, por infecciones secundarias causadas por bacterias.

2.3.5. Descripción de las características principales de los géneros de fitonematodos detectados en el Valle de Mexicali, B.C.

Las características que son consideradas en la identificación de nematodos patógenos de importancia agrícola, generalmente se basan en: La presencia de estilete, la longitud del patógeno, tipo y dimensiones de cabeza y cola, así como la distribución de órganos internos.

A continuación se describen las características fundamentales de siete géneros de nematodos fitopatógenos:

2.3.5.1. Características morfológicas del género de fitonematodo: Aphelenchus sp.

1. El bulbo medio grande y muy redondeado
2. Estilete y nódulos pequeños poco visibles
3. Longitud de la hembra y del macho es de 0.8 a 1.0 mm.
4. Vulva 70 a 75%

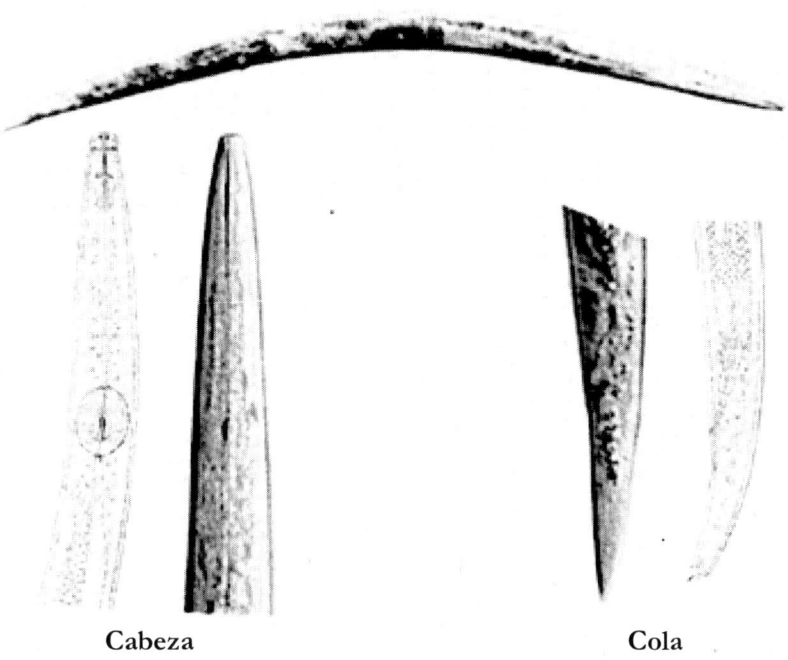

Figura 1. Características morfológicas del género de fitonematodo: Aphelenchus sp.

2.3.5.2. Características morfológicas del género de fitonematodo: Parathylenchus sp.

1. Cabeza cónica redondeada
2. Cuerpo arqueado
3. Estilete largo
4. Hembra robusta
5. No existe sobre posición
6. Vulva 70-85%

Figura 2. Características morfológicas del género de fitonematodo: Parathylenchus sp.

2.3.5.3. Características morfológicas del género de fitonematodo: Pratylenchus sp.

1. 0.5 mm de longitud
2. Cabeza plana, achatada
3. Cilíndrico
4. Cola redondeada
5. Presenta nódulos básales claramente visibles
6. Vulva 75 y 80%

2.3.5.4. Características morfológicas del género de fitonematodo: Psylenchus sp.

1. Estilete y nódulos pequeños
2. Bulbo medio se encuentra en la mitad posterior del esófago
3. Cola filiforme
4. Vulva se encuentra entre el 55 y 60%

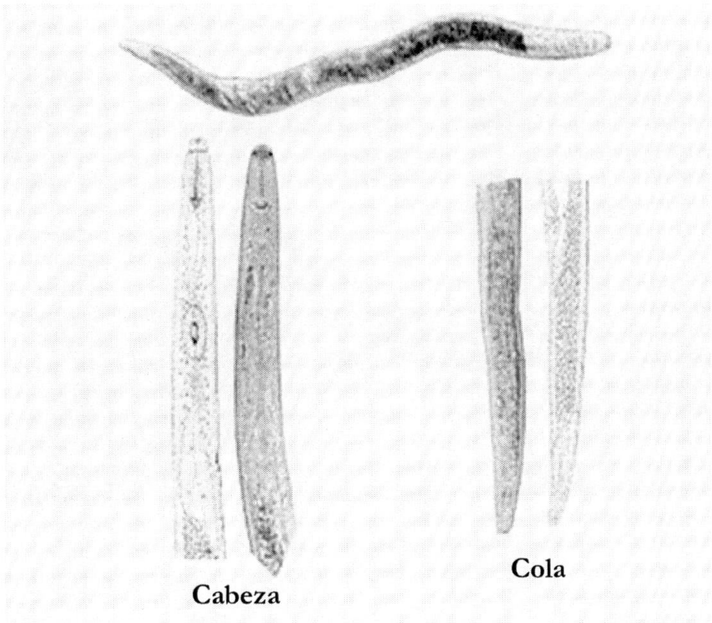

Figura 3. Características morfológicas del género de fitonematodo: Pratylenchus sp.

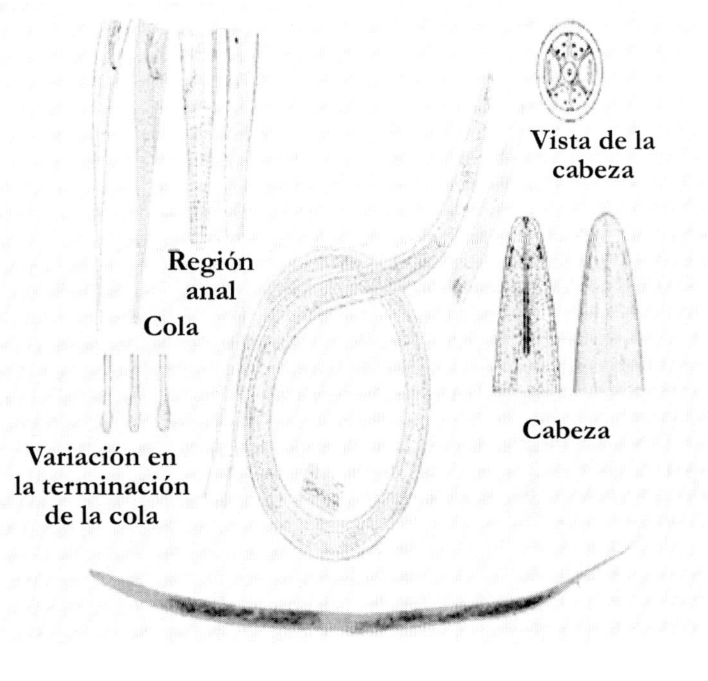

Figura 4. Características morfológicas del género de fitonematodo: Psylenchus sp.

2.3.5.5. *Características morfológicas del género de fitonematodo:* Tylenchorynchus

1. Cabeza redonda
2. Cola cónica
3. Estilete muy fuerte con lóbulos bien distinguibles
4. Vulva al 50-55%

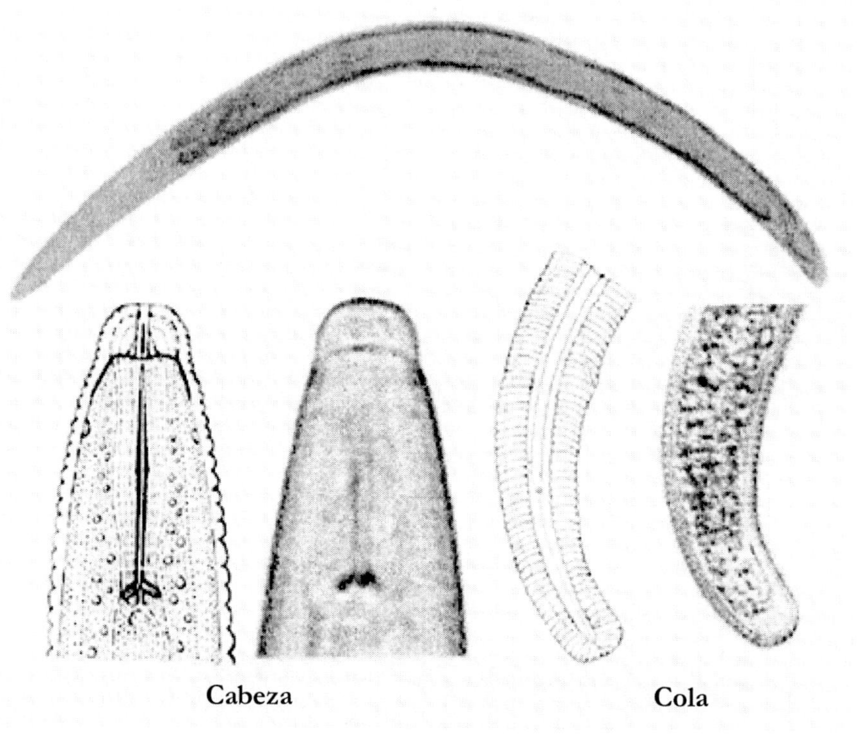

Figura 5. Características morfológicas del género de fitonematodo: Tylenchorynchus.

2.3.5.6. *Características morfológicas del género de fitonematodo:* Tylenchus sp.

1. Bulbo medio pequeño
2. Este género tiene estilete, delgado
3. La vulva se encuentra entre el 55 y 60% de la parte anterior de la cabeza.
4. Nódulos pequeños

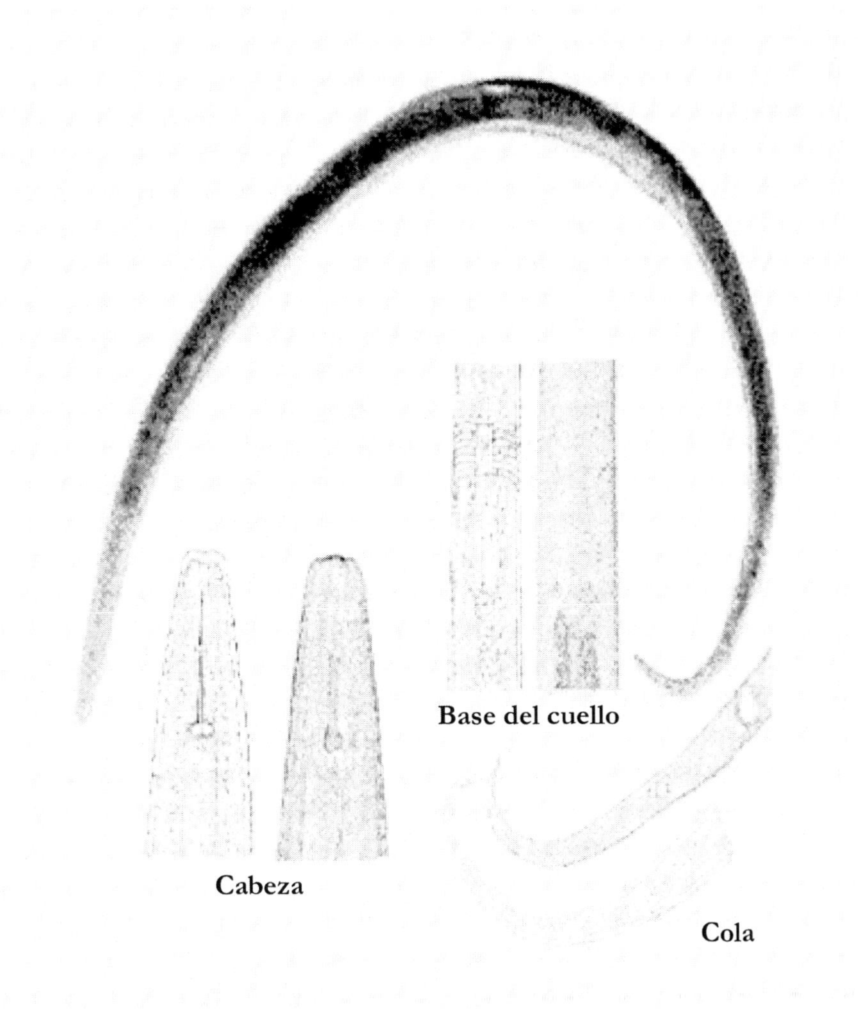

Figura 6. Características morfológicas del género de fitonematodo: Tylenchus sp.

2.3.5.7. *Características morfológicas del género de fitonematodo:* Xiphinema americanum

1. Cola cónica
2. Cuerpo cilíndrico
3. Estilete muy largo, con rebordes básales
4. No hay sobre posición
5. Vulva al 50%

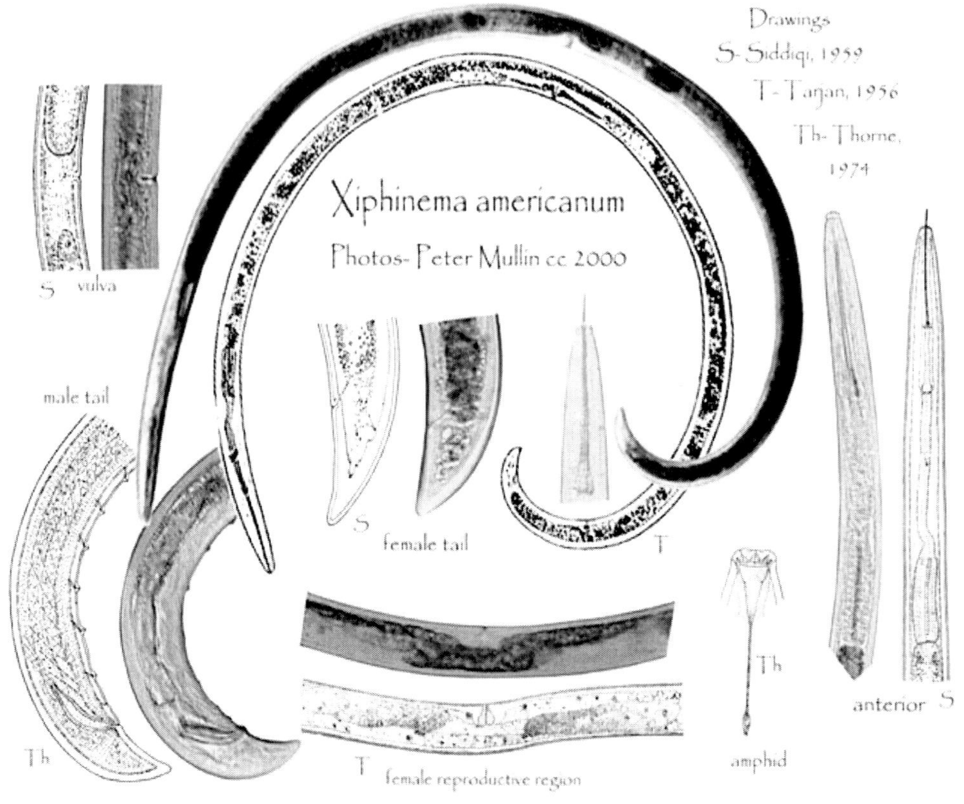

Figura 7. Características morfológicas del género de fitonematodo: Xiphinema americanum.

2.3.6. Métodos de control de nematodos fitoparásitos

2.3.6.1. Control biológico de nematodos fitoparásitos

El control biológico es un método que ofrece ciertas ventajas al agricultor sobre otras prácticas que normalmente utilizan. El agente biocontrolador podría persistir por un largo período de tiempo y resurgir cuando la plaga aparezca nuevamente. El control biológico de los nematodos, resulta un aporte importante al manejo de poblaciones ya que estos abundan en predios agrícolas y su erradicación es imposible. Este método de control representa una alternativa de manejo de poblaciones de nematodos a través de mecanismos tales como parasitismo, depredación, competencia y antibiosis. Estos tipos de antagonismo son definidos por Cook y Baker (1983) de la siguiente forma:

(a) antibiosis como la inhibición o destrucción de un organismo por un producto metabólico de otro.

(b) competencia como el esfuerzo de dos o más organismos a obtener el área o los nutrientes necesarios para desarrollarse.

(c) parasitismo o depredación, donde un organismo se alimenta o vive a expensas de otro.

En el suelo pueden encontrarse muchos organismos antagonistas a este tipo de microorganismos, de los que se mencionan hongos, bacterias, nematodos depredadores, protozoarios, parásitos, viroides y virus (Jatala, 1986; Taylor y Sasser, 1983).

Dávila et al. (1999), aislaron dos especies de *Paecilomyces* (*P. lilacinus* y *P. marquandii*), ambas especies han sido reportadas como enemigos naturales de nematodos; también identificaron microorganismos con capacidad quitinolítica y los clasificaron como posibles controladores biológicos del nematodo nodulador, Culbreath et al. (1986), estudiaron el efecto de la quitina sobre *Meloidogyne sp.* en suelos colonizados por *P. lilacinus*, donde los tratamientos con quitina así como con *P. lilacinus*, disminuyeron el agallamiento radical y número de larvas por gramo de raíz de tomate, dichos resultados señalan que las enmiendas con quitina y *P. lilacinus* son efectivas para combatir a *Meloidogyne sp.* Stirling (1991), menciona que han sido numerosos los estudios realizados por más de 15 años que sugieren la evidencia de que especies de hongos pertenecientes a los géneros de *Verticillium, Fusarium, Cylindrocarpon, Exophiala, Gliocladium, Paecilomyces* y *Phoma*, pero particularmente las especies de *V. chlamydosporium, F. solani, F. oxysporum y P. lilacinus,* regularmente colonizan quistes y huevos de nematodos. Por otra parte, Khan et al. (2001), establecieron que *P. lilacinus* controla efectivamente a *M. javanica* en la India, parasitando hembras y huevos. Además, encontraron que la habilidad de *P. lilacinus* controlando el nematodo aumenta cuando este se integra a un material orgánico. De igual forma, Lara et al. (1996), realizaron un estudio de campo con *P. lilacinus* en tomate encontrando una reducción de las poblaciones de *Meloidogyne sp.* en el suelo y en las raíces, parasitó los huevos del nematodo, disminuyó el agallamiento radicular e incrementó los rendimientos y los beneficios económicos. González y La Platina (2001), evaluaron diferentes estrategias durante tres temporadas para el control de nematodos fitoparásitos, basados en la utilización de productos químicos y de origen natural, los cuales fueron Clandosan 618 (complejo natural de proteínas, quitina y urea), ABG 9008 (DiTera), orujo de uva, guano y el Sincocin (compuesto natural de plantas y extractos minerales mezclados en agua) + Agrispon (bioestimulante para suelo y planta), los cuales se compararon con un nematicida órgano-fosforado y un testigo en blanco: los resultados mostraron que todos los tratamientos que incluían aplicaciones con productos de origen natural o químico, mostraron diferencias en relación al testigo en las diferentes variables evaluadas; (poblaciones de nematodos parásitos y saprofitos, peso de poda y producción). Godoy y Yáñez; (2001), indican que *Beauveria bassiana, Beauveria brongniartii, Paecilomyces lilacinus* y *Verticillium lecanii,* contribuyeron como agentes de control biológico de *Meloidogyne arenaria* raza 2; aunque los tratamientos químicos con Nemacur (fenamifos) y Mocap (ethoprophos) tuvieron mejor control del nematodo. En otro estudio se encontró que la aplicación de *P. lilacinus*, semanas antes de la siembra del pimiento, redujo la población de *R. reniformis* y *M. incognita* y aumentó el rendimiento sin presentar diferencias significativas al compararlo con un tratamiento químico. También Khan et al. (2001), reportaron que al agregar un hongo nematófago *P. lilacinus* o *Trichoderma harzianum*, al suelo junto a un substrato orgánico de forma separada se reduce la actividad patogénica de *M. incognita*, y agregando la combinación de ambos hongos al suelo junto al substrato orgánico se reduce la población del nematodo nodulador y aumenta el vigor de la planta. Contrario a lo anterior Casassa et al. (2001), encontraron baja capacidad para controlar *M. incognita* en guayabo con *Trichoderma harzianum* (5,36 x 10 a la 8 conidias kg^{-1} de suelo) y *Paecilomyces lilacinus* (2,68 x 10 a la 8 conidias kg^{-1} de suelo). Por otra parte, Chen et al. (2000), reportan que al aplicar sustratos de quitina al suelo en el cultivo de la lechuga; encontraron que organismos como: *Bacillus thuringiensis, Streptomyces costaricanus* y *Paecilomyces marquandii*, suprimen al nematodo nodulador *Meloidogyne hapla.*

De igual forma Naranjo y Mackbel (2002), evaluaron tres tratamientos para controlar *Meloidogyne incognita*, 1. Microp 0.4 S.L, (*Pseudomonas cepacia* tipo *Wisconsin*), 2. Nemout 0.67 PM, (*Arthobotrys oligospora, botryospora y Dactillela brochophaga*; habitantes del suelo que atrapan nematodos mediante anillos constrictores y colonización) y 3. Ditera 90 WP, derivado de origen microbiano (*Myrothecium sp.*); los tres nematicidas fueron comparados con un testigo absoluto sin ninguna aplicación, se realizaron dos aplicaciones y cuatro muestreos de poblaciones de nematodos; se evaluó la población del nematodo y la producción, determinándose que las poblaciones de *Meloidogyne incognita* en el cultivo de *Eryngium foetidum*, solo se redujeron con aplicaciones de nematicidas Nemout 0.67 PM y Microp 0.4 SL en más de un 60% en comparación con el testigo absoluto; asimismo, se determinó que el primero mostró la mayor producción.

2.3.6.2. Control cultural

La rotación de cultivos, la eliminación de plantas infectadas, además de la solarización del suelo a inicios de cada ciclo de cultivo para exponer a los nematodos a la inanición y desecación, pueden considerarse como prácticas efectivas dentro del control cultural de nematodos.

Cuando se termine el ciclo con antecedentes de este tipo de microorganismos, es recomendable aflojar el suelo y extraer cuidadosamente las plantas con todo y raíz procurando no dejar residuos de éstas.

2.3.6.3. Control químico

Para establecer control químico es necesario contar con los resultados de un análisis de suelo para determinar qué cantidad de juveniles se encuentran por cada 100 gr de suelo, este dato nos dará la pauta para determinar con que producto químico y a qué dosis debemos de empezar los tratamientos de prevención, por ejemplo en tomate se pueden realizar aplicaciones de oxamil a una dosis de 2 a 3 L/ha (PLM, 2010), entre otros.

2.3.7. Efecto de la materia orgánica sobre los nematodos fitoparásitos

La aplicación de materia orgánica, como una alternativa de control de nematodos fitoparásitos, es una práctica agronómica que se ha utilizado por muchos años en cultivos de importancia económica. Se considera una enmienda orgánica a todo aquel material que se añade al suelo con el objetivo de crear mejores condiciones para el crecimiento de los cultivos y afecta el desarrollo de parásitos. Ejemplos de enmiendas orgánicas al suelo son: residuos de algunos cultivos, estiércol de animales, cultivos de coberturas, desechos de la industrialización de productos agrícolas, ganaderos, marinos, avícolas, excremento y desechos de animales, entre otros.

La incorporación de materia orgánica al suelo con el objetivo de mejorar la fertilidad, controlar las plagas y enfermedades es una práctica muy antigua (Martin y Gershuny, 1992). La importancia de la materia orgánica en el suelo es un hecho indiscutible que ha sido comprobado a través de los años por varios investigadores a nivel mundial (Roe, 1998). En la agricultura ecológica, se ha comprobado que es posible obtener rendimientos económicos adecuados y una producción estable a través del tiempo (Kolmans y Vázquez, 1995), contrario a lo que ocurre en la agricultura convencional en donde el uso excesivo de fertilizantes causa problemas de salinidad y toxicidad en los suelos. La materia orgánica, mejora la estructura, fertilidad y productividad del suelo, debido al efecto que ejerce sobre las propiedades físicas, químicas y biológicas del suelo (Gross, 1986). Buchanan and Gliessman (1991), encontraron que las aplicaciones de sulfato de amonio aumentaron la acidez del suelo, mientras que las enmiendas orgánicas actuaron como un amortiguador en el suelo. Este mismo estudio mostró que la aplicación de 30 toneladas por hectárea de materia orgánica aumentó significativamente el pH del suelo, comparado con el tratamiento químico. Sainz et al. (1998), observaron que la aplicación de materia orgánica a suelos levemente ácidos aumentaron el pH de 6.5 a 7.2. Uno de los efectos secundarios de esta práctica es que mantiene una población microbiana más abundante y variada que favorece el control biológico de fitopatógenos habitantes del suelo (Zavaleta, 1987). Normalmente la incorporación de enmiendas orgánicas al suelo y la descomposición de sus componentes contribuyen al buen desarrollo de la planta y en consecuencia a tolerar el ataque de nematodos. Asimismo, contribuyen a la producción de compuestos tóxicos y proporciona las condiciones adecuadas para el desarrollo de nematodos predadores y microorganismos biocontroladores (Franco y Matos, 1993). De acuerdo a Chavarría,l (1997), las enmiendas orgánicas son efectivas en la reducción de poblaciones de nematodos fitoparásitos. Además, Stirling (1991), señala que la materia orgánica produce un efecto tóxico sobre los nematodos fitoparásitos. El uso de materia orgánica ha sido efectiva en el control del nematodo nodulador (*Meloidogyne spp.*) y en la enfermedad causada por *Fusarium oxysporum* (Chindo and Kahn, 1990; Raj y Kapoor, 1997), siendo estas las principales limitaciones en algunos cultivos. De igual forma Chavarría et al. (2001), en otros estudios indican que la combinación de enmiendas orgánicas con benzaldehido reduce la incidencia de *Meloidogyne incognita* y otros nematodos fitoparásitos. El contenido y la disponibilidad de nitrógeno, es el criterio más importante cuando el objetivo principal de la aplicación de la enmienda es provocar el aumento en los rendimientos del cultivo. La mayoría del nitrógeno podría estar de forma inorgánica y por lo tanto, sujeto a liberarse por la degradación microbiana. La alta humedad en el suelo, las altas temperaturas, y condiciones aeróbicas facilitan la conversión de nitrógeno orgánico y lo hacen disponible a las plantas mediante los microorganismos del suelo (Tisdale et al., 1993). Como resultado, los niveles de nitrógeno son mayores en los trópicos, comparado con las zonas templadas (Woomer et al., 1994).

La eficacia de la materia orgánica en el manejo de nematodos fitoparásitos depende de diferentes factores: la especie del nematodo, la composición química de la enmienda y otros organismos en el suelo responsables de degradar la enmienda (McSorley y Gallahear, 1996; Mojtahedi et al., 1993; Stirling, 1991). Sin embargo, el mecanismo de acción puede suceder por la liberación de compuestos nematicidas o nematostáticos y/o fomentando el desarrollo de organismos antagonistas del nematodo (Rodríguez, 1991). Estudios realizados por Hue (1997), para comprobar el efecto de las aplicaciones de las enmiendas orgánicas sobre el rendimiento del cultivo de arroz demostraron que este aumento se debe principalmente al efecto provocado por el nitrógeno, aunque aplicaciones continuas aumentan la disponibilidad de potasio y fósforo disponibles para la planta; y que la aplicación de estas enmiendas aumenta las concentraciones de potasio, fósforo y micronutrientes en el suelo y tejido de la planta. El mayor obstáculo en el desarrollo de recomendaciones para el uso de enmiendas orgánicas en la producción de cultivos es la variabilidad en calidad respecto a las enmiendas comerciales disponibles (Hue and Liu, 1995 y Roe, 1998).

Capítulo 3

MATERIALES Y MÉTODOS

3.1. El clima de la región

Según el sistema de clasificación de Koppen, modificada por García 1964, el clima de esta región se clasifica como BW (h') hs (x') (e') y se define como desértico cálido, extremoso en demasía y régimen de lluvias en invierno. La temperatura median anual es de 22.3 °C; la máxima absoluta de 49.6°C y la mínima absoluta es de -6°C. Los meses más calurosos en los que se presentan las temperaturas máximas son junio, julio, agosto y septiembre. Las heladas se presentan en forma esporádica en los meses de diciembre y enero. La precipitación media anual es de 60 mm y el número de días de lluvias en el año es de 3 y 11 en los días de lluvia inapreciable. La evaporación es intensa, varía a través del año desde 49.6 mm en el mes de diciembre hasta 249.5 mm en el mes de julio. La evaporación potencial media anual de 2,326 mm. Los vientos se presentan todo el año, con dirección Noroeste de Octubre a Mayo y con dirección Sureste en los meses de Junio a Septiembre, la intensidad es moderada.

3.2. Suelos de la región

El origen mineralógico de los suelos del Valle de Mexicali es indeterminado, pues estos provienen de los detritus intemperizados de un gran número de rocas, arrastrados por la aguas del río Colorado, antes de la construcción de las presas de almacenamiento Hoover, Davis y Parker, localizadas en la parte alta de la cuenca del colorado en los E.U.A. Los suelos son aluviales, formados por deposiciones sucesivas de los materiales en suspensión y arrastre que en grandes volúmenes transportaba el río Colorado en su trayectoria hacia el Golfo de California.

Por otra parte, los suelos situados en una faja angosta colindante con las sierras que limitan al valle por el Oeste, son aluviales y coluviales formados por el acarreo y depósitos de materiales procedentes de la desintegración de las rocas originarias de estas sierras. En ellos se distinguen dos materiales de aluvión; el primero, ocupa los niveles más altos y han formado suelos de textura gruesa, más desarrollados y típicamente desérticos, que corresponden al material más antiguo; y el segundo, que se localiza en niveles más bajos, donde se han formado suelos de partículas más finas, menos desarrollados y típicamente salinos. En un estudio de suelos efectuado en el Valle de Mexicali, se identificaron seis series y 26 tipos de suelos tomando como base la textura. Las series definidas tomando como base la superficie que ocupan son: Gila Fase Pesada 142,940 ha, Gila Fase Ligera 104,920 ha, Imperial 45,800 ha, Holtville 13,900 ha Meloland 1,020 ha y Supertition 430 ha. (García, 1992). Las variaciones de textura son pronunciadas tanto vertical como horizontalmente. En general, las prácticas de cultivo y manejo de tierras irrigadas en el Valle de Mexicali son afectadas e influenciadas predominantemente por estas características texturales del suelo. (Medina, 1995).

3.3. Geología

Los materiales geológicos predominantes en la región pueden ser clasificados de la siguiente manera:

- Rocas ígneas: ígneas intrusivas y graníticas, que constituyen la mayor parte del macizo montañoso peninsular.

- Sedimentos de la Era Terciaria: conglomerados de arena, grava y limo con metamorfosis regional. Se encuentran en la Sierra de los Cucapah, Cerro Prieto y el Noroeste del Golfo de California.

- Rocas ígneas extrusivas de la época Terciaria en forma de basaltos, tobas y depósitos de lava. Existen en Cerro Prieto y en la Sierra de las Pintas. Arenas y gravas de la época Cuaternaria, que constituyen las mesas.

- Aluviones recientes, depositados por el Río Colorado, que conforman la parte deltáica de la región. Al pie de la Sierra de los Cucapah existen depósitos de arena y grava detríticas, producto del intemperismo físico de las rocas que predominan en ella.

Los materiales geológicos depositados por el río Colorado en la depresión del Valle de Mexicali, son una mezcla de los detritos que transporta a lo largo de su inmensa cuenca de 632,690 km^2. Superficialmente predominan materiales arcillosos montmorilloníticos y arenas cuarcíticas y feldespáticas; las áreas cercanas a las sierras circundantes tienen además las características de los materiales coluviales que las forman.

3.4. Delimitación geográfica

El Valle de Mexicali está rodeado por diversos tipos de linderos geográficos, entre los cuales se encuentran los siguientes: al Sureste por el conjunto montañoso llamado Sierra de Las Pintas, se encuentra limitado al Golfo de California por el Sur; en algunas partes los afloramientos rocosos están cubiertos por los materiales délticos acarreados por el río Colorado, las mareas y los vientos. Estas montañas que limitan al valle son de carácter volcánico con aparato cinerítico degradado; al Norte está delimitado por el Valle de Imperial, California; Al Oeste por la Sierra de Juárez. Un plano de suelos elaborado en el año de 1966, en el Distrito de Riego Número 014 río Colorado, a una escala de 1:100,000, ubica a la región con una superficie de 308,400 ha, a grupos de suelos, que de acuerdo a la clasificación norteamericana, se definen como series de suelos. Las series a las que se hacen referencia se describen en el Cuadro 1.

Figueroa, V.M. (1982), describe cada una de las series de suelos antes mencionadas, citado por Perrier (1974), de la manera siguiente:

1. **Serie Gila fase ligera.** Estos suelos tiene un perfil caracterizado por una secuencia de estratos de texturas medias hasta los dos metros de profundidad, generalmente están ubicados en los alrededores de los antiguos cauces del río

Series	Superficie (ha)	%	Textura	Profundidad	Localización
Gila pesada	142,940	46.35	Media-arcillosa	0- 200 cm	zona # 3
Gila ligera	104,920	34.02	Media	40-180 cm	zona # 2
Imperial	45,800	14.85	Arcillosa	0-60 cm	zona # 4
Holtville	13,290	4.31	Arcillosa	0-140 cm	Ej. Nvo. León
Melloland	1,020	0.33	Media-Arenosa	90-120cm	Áreas Valle Mexicali
Supertition	430	0.14	Ligera-Arenosa	0-30cm	Sierra Cucapah

Cuadro 1. Series de suelos en el Distrito de riego 014, Río Colorado de acuerdo a Clasificación norteamericana.

Colorado, predominando en la parte deltica de la región. No se ha estudiado su desarrollo pedogenético, aunque si es clara la inexistencia de horizontes de diagnóstico.

2. **Serie Gila fase pesada.** Los perfiles de estos suelos son una secuencia de estratos en las que a diferencia de la anterior se encuentran capas arcillosas entre los 40 y 60 cm de los 80 a 180 cm de profundidad. Localizados también en la parte del Delta. Junto con la anterior forman aproximadamente el 65% del área agrícola. No se han estudiado procesos pedogenéticos.

3. **Serie Imperial.** Los suelos de la serie Imperial, tiene un horizonte Ap de unos 30 cm de profundidad, que forma parte de un estrato superficial de 0-60 cm de profundidad que puede tener las siguientes clasificaciones texturales: migajón arcilloso, migajón arcillo-limoso, arcilla, y después de esa profundidad, arcilla con diferentes arreglos estructurales. Algunos perfiles afectados con presencia de sales y sodio intercambiable. A profundidades mayores de 60 cm se observa estructura laminar (puede ser micro-estratificación). Algunas veces se encuentran estratos delgados de textura más gruesas a diferentes profundidades dentro del perfil. El perfil contiene menos de 0.2% de carbono y la arcilla predominante es montmorillonita calcárea. Se forman grietas de hasta 3 cm de ancho y hasta 2 m de

profundidad con espaciamientos de 30 cm. Estos suelos están formados de sedimentos lacustres, ubicados en la antigua línea de playa del desaparecido Lago Caguilla.

4. **Serie Holtville.** En la serie Holtville se agrupan suelos cuyo perfil tiene la siguiente secuencia de estratos: de 0 a 20 cm. puede presentarse textura migajón arenoso, migajón arcilloso, arcilla limosa o arcilla; 20-30 a 60-70 cm arcilla; 60-70 a 80-90 cm migajón arcillo-limoso; 80-90 a 140 franco y a partir de 140 cm arena gruesa. La arcilla predominante es montmorillonita. El análisis de un Holtville limo-arcilloso dio las siguientes propiedades químicas: pH 7.7, CIC 28 meq/100 gr., 2.6 meq/100 gr. de yeso, 5% de K, 12% de Na, 12% de C_aCO_3 equivalente, 1.12% de Fe_2O_3 en una capa de control 0-25 cm. Perrier, et al., dividen en su estudio la Serie Holtville de in taxa adjunto Holtville en base a que algunos Holtville están sobre texturas medias (los taxa adjuntos) y otros sobre texturas gruesas. Son de formación lacustre. En la región Mexicalense se localizan en las inmediaciones de los Ejidos Nuevo León, Sur del Ejido Querétaro y Estación Batáquez, en donde posiblemente se formaban pequeños lagos.

5. **Serie Melloland.** Suelos cuyo perfil son estratos superficiales de textura medias que descansan sobre un estrato arcilloso que comienza entre los 90 y 120 cm de profundidad. La capa de control reportó mayor proporción de montmorillonita. Un análisis químico de un Meloland dio los siguientes valores promedio a una profundidad de 55 cm: pH 7.7 CIC 21.84 meq/100 gr., 7% Na, 4% K, 0.8 meq/100 gr. de yeso, 12% de C_aCO_3 1.0% de Fe_2O_3. El material parental son sedimentos lacustres recientes. Solo se ha ubicado en pequeñas áreas del Valle de Mexicali.

6. **Serie Supertition.** Son suelos coluviales que se encuentran en las faldas de la Sierra de los Cucapah, con pendientes del 1 al 5%. La capa superficial es de textura gruesa con gravilla.

3.5. La vegetación en la zona

La vegetación primaria del área de estudio, corresponde a un matorral desértico microfilo, el cual se distingue por la predominancia de elementos arbustivos de hoja o foliolo pequeño. La vegetación primaria ha desaparecido en una gran superficie donde se desarrollan las plantas de cultivo; sin embargo, todavía se pueden localizar sitios donde se encuentran algunas especies características del área como son: mezquite (*Prosopis juliflora*), gobernadora (*Larrea tridentata*), cachanilla(*pluchea sericea*), chamizo (*Atriplex policarpia*), zacate salado (*Distichlis stricta*), pinillo salado *(tamarix spp)* y chamizo cenizo (*Atriplex astata*). La vegetación secundaria está compuesta por los principales cultivos de la zona como: trigo, cebada, rye-grass, algodonero, maíz, sorgo, alfalfa y hortalizas, así como la introducción de especies (malezas) como trompillo o enredadera (*Ipomoea irsutula*), quelite (*Amaranthus spp*), tomatillo (*Phisalis sp*), cadillo (*Xanthium sp*), verdolaga (*Portulacea oleracea*), zacate pinto o de agua (*Echinocloa colonum*), zacate carricillo (*Panicum fasciculatum*), zacate rayado (*Leptochloa filiformis*), zacate huachapore (*Cenchrus echinatus*),zacate bermuda o grama (*Cynodon dactylon*), coquillo (*Cyperus rotundus*), avena silvestre (*Avena fatua*), alpiste (*Philaris minor*). (García 1992)

3.6. Ubicación del área de estudio

Este trabajo de investigación se realizó en el Valle de Mexicali, Baja California, el cual se localiza al noroeste de la República Mexicana; está localizado entre los 114° 45' y 115° 40' de longitud oeste del meridiano de Greenwich y entre los paralelos 31° 50' y 32° 40' de latitud norte y una altura msnm que varía de –2 msnm, 10 km al oeste de Mexicali, hasta los 43 msnm, en la Presa Morelos, con topografía generalmente plana.

3.7. Distribución de los sitios de muestreo

Se efectuó una distribución del Valle de Mexicali, de tal manera que fuera representativa, por lo que se dividió en cuatro cuadrantes, tomando como punto central al Ejido Nuevo León (N 32° 24.367" y W 115° 11.803") y como primer cuadrante al más próximo a la ciudad de Mexicali, siguiendo la numeración en el sentido de las manecillas del reloj; cada cuadrante con 25 predios distribuidos de manera equidistante, dando como resultado 100 predios ubicados de la manera siguiente:

- Cuadrante I. La zona agrícola comprendida desde el Ejido Nuevo León hacia el N.O. del Valle, considerando como punto de referencia la Colonia Progreso y las Colonias Islas Agrarias A y B.

- Cuadrante II.- La zona agrícola comprendida al margen derecho del cuadrante I, rumbo al N. E., considerando como punto de referencia las colonias Miguel Alemán y Lázaro Cárdenas a partir del Ejido Nuevo León.

- Cuadrante III.- La zona agrícola comprendida hacia la parte S. E. del Valle, adyacente al cuadrante II, delimitada por la Colonia Carranza y el Poblado Estación Coahuila desde el Ejido Nuevo León.

- Cuadrante IV.- Es la zona restante en el Valle de Mexicali, delimitada hacia el S. O. por la Colonia Mariana como límite. Cada predio fue numerado y se tomaron datos específicos, incluyendo la localización GPS (Ceceña, 2011).

3.8. Técnica de extracción de fitonematodos

Se procedió a la extracción de nematodos para su posterior identificación, utilizando el método de tamizado-centrifugado (Carrillo, 2000).

3.9. Identificación de fitonematodos

Para la identificación de nematodos se contó con claves taxonómicas, apoyo técnico y bibliográfico. En dichas claves se tomaron en cuenta varios aspectos: Estilete (tamaño, finura, aspecto, presencia o ausencia de nódulos, así como orientación y tamaño de estos), glándulas esofágicas (sobrepuestas o no sobrepuestas, la orientación de dicha sobreposición con respecto a otros órganos: ventral, dorsal),tipo de cabeza (fina, achatada, pegada o semiseparada del cuerpo), posición de la vulva (ubicación de esta a lo largo del cuerpo; 50, 75, 80%) y forma de la cola (filiforme, cónica, redonda, etc.).

3.10. Análisis e interpretación estadística

Se procedió a obtener la información relacionada con la población de fitonematodos presentes en los predios monitoreados, misma que fue sometida a un diseño completamente al azar (D.C.A.), ya que la asignación aleatoria de los tratamientos definidos como unidades experimentales o sitios de muestreo, responde a la naturaleza del estudio. Así mismo se realizó un análisis de varianza (ANVA), aplicando la prueba de comparación de medias Duncan al 0.05 (Steell y Torrie, 1998), en apego al siguiente modelo estadístico:

$$Y\hat{i}j = \mu + \alpha\hat{i} + \partial\hat{i}j$$

Donde:

$Y\hat{i}j$ = Variable de respuesta del $\hat{i}$-ésimo tratamiento en la j-ésima repetición.
μ = Media poblacional.
$\alpha\hat{i}$ = Efecto del $\hat{i}$-ésimo tratamiento.
$\partial\hat{i}j$ = Error experimental.

3.11. Variables a evaluar en la investigación

El criterio utilizado para estructurar las variables en el experimento, se limitó a definir y cuantificar la conducta expresada por los géneros de fitonematodos presentes en la superficie asignada previamente para los sitios de muestreo seleccionados, en los dos cultivos estudiados.

Capítulo 4

RESULTADOS Y DISCUSIÓN

Los resultados obtenidos demuestran una importante dinámica de poblaciones entre especies cultivables monitoreadas, como se describe a continuación:

4.1. Comportamiento de la población de fitonematodos en alfalfa y trigo

En la Gráfica 1, se pueden observar claramente los géneros asociados a cada cultivo. En alfalfa, se detectó la mayor diversidad de géneros, con siete (*Pratylenchus sp., Tylenchorhynchus sp., Psylenchus sp., Aphelenchus sp., Tylenchus sp., Paratylenchus sp. y Xiphinema sp.*); en cambio en el cultivo de trigo, se detectaron cinco, excluyendo de la relación anterior a *Paratylenchus sp.* y *Xiphinema sp.*. No obstante las poblaciones más altas registradas fueron en trigo, sobresaliendo las 1030 larvas el género *Pratylenchus sp.* y 492 de *Tylenchorhynchus sp.* Mientras tanto, la dinámica poblacional detectada en alfalfa fue superior para *Tylenchorhynchus sp.* con 348 larvas, 26 patógenos más que para el caso de las determinaciones de *Pratylenchus sp.,* con 322 ejemplares.

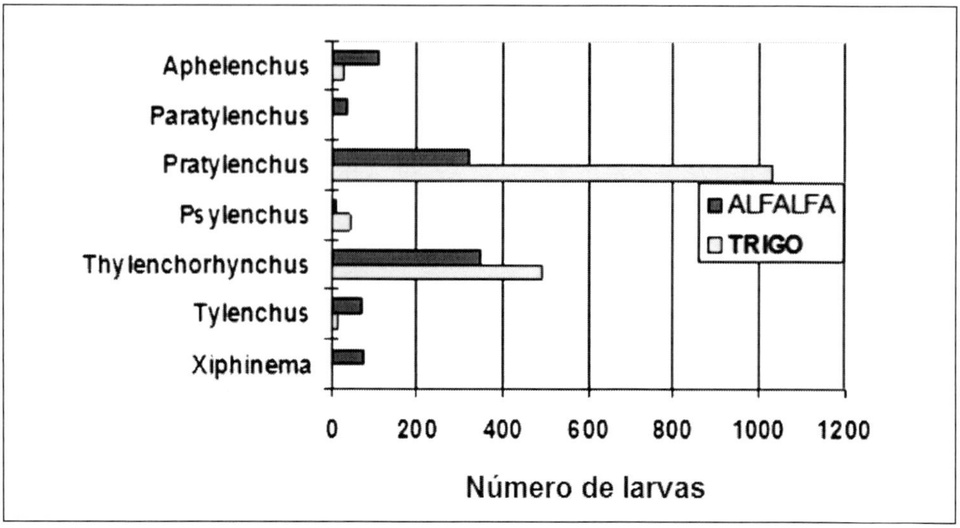

Grafica 1. Poblaciones de fitonematodos en alfalfa y trigo, en las condiciones del Valle de Mexicali, B.C.

4.2. Interpretación estadística determinada para la conducta poblacional de nematodos en alfalfa y trigo

El análisis estadístico de las dinámicas poblacionales, determinó que existen contrastes notorios tanto en cantidad de poblaciones por cuadrante para cada género, como por la diversidad genérica entre cultivo; destacando que la zona de la rizósfera del sistema radicular en alfalfa es afín hacia la mayor diversidad de géneros; sin embargo, el cultivo de trigo, lo manifestó para una mayor población en general, lo cual se aprecia en las diversas categorías estadísticas (Cuadro 2).

4.3. Proporción de nematodos fitopatógenos, en el cultivo de alfalfa. Valle de Mexicali, B.C.

En el Cuadro 3, se puede apreciar que la mayor proporción de nematodos fitopatógenos fue para los géneros *Tylenchorhynchus sp.* con 36.0%, seguido por *Pratylenchus sp,* con 33.3, obteniendo una población de 69.3% entre ambos en el cultivo de alfalfa. De la proporción restante*, Aphelechus sp.* con 11.5%, se ubica en tercer lugar, seguido de *Xiphinema sp.* con 7.5% y de *Tylenchus sp.*, con 7.1%. La menor proporción de la población correspondió a los géneros *Paratylechus sp* y *Psylenchus sp.*, con 3.5% y 1.1%, respectivamente. De igual forma, sobresale la

Cultivo	Alfalfa			Trigo		
Género	Cuadrante	Media	Clasificación*	Cuadrante	Media	Clasificación*
Aphelenchus	I	1.39	a	III	1.21	a
	III	1.38	a	IV	1.07	a b
	II	1.37	a	II	1.03	a b
	IV	1.25	a	I	1.00	b
Pratylenchus	I	2.10	a	II	3.66	a
	III	1.65	a b	I	2.20	a b
	II	1.57	a b	IV	2.00	a b
	IV	1.36	b	III	1.61	b
Psylenchus	III	1.09	a	I	1.18	a
	II	1.05	a	II	1.14	a
	I	1.01	a	IV	1.08	a
	IV	1.00	a	III	1.00	a
Thylenchorhynchus	III	2.10	a	II	2.62	a
	I	2.06	a	I	2.20	a
	II	1.74	a b	III	1.75	a b
	IV	1.62	a b	IV	1.16	b
Tylenchus	I	1.34	a	I	1.08	a
	II	1.33	a	IV	1.06	a
	III	1.12	a	III	1.04	a
	IV	1.07	a b	II	1.02	a
Xiphinema	I	1.46	a	–	–	–
	IV	1.37	a	–	–	–
	III	1.27	a b	–	–	–
	II	1.06	b	–	–	–
Paratylenchus	I	1.24	a	–	–	–
	IV	1.11	a	–	–	–
	III	1.09	a	–	–	–
	II	1.02	a	–	–	–

*Medias con la misma letra son estadísticamente iguales. Duncan, a 0.05.

Cuadro 2. Clasificación estadística determinada para la conducta poblacional de nematodos en alfalfa y trigo, en el DDR-002.

	Géneros de nematodos								
Cuadrante	***A**	***B**	***C**	***D**	***E**	***F**	***G**	**Σ**	**%**
I	165	115	1	29	27	18	39	394	40.7
II	53	67	3	31	28	1	4	187	19.3
III	70	109	6	30	8	7	21	251	26.0
IV	34	57	0	21	6	8	9	135	14.0
Σ	322	348	10	111	69	34	73	967	
%	33.3	36.0	1.1	11.5	7.1	3.5	7.5		**100.0**

*A. *Pratylenchus;* B. *Tylenchorhynchus;* C. *Psylenchus;* D. *Aphelenchus;* E. *Tylenchus;* F. *Paratylenchus;* y G. *Xiphinema.*

Cuadro 3. Proporción de nematodos fitopatógenos, en el cultivo de alfalfa. Valle de Mexicali, B.C.

mayor proporción de la población de fitonematodos con 40.7% obtenida en el cuadrante I, donde se detectó la mayor población de *Pratylenchus sp.* (165) y *Tylenchorhynchus sp.* (115).

4.4. Proporción de nematodos fitopatógenos, en el cultivo de trigo Valle de Mexicali, B.C.

La conducta poblacional observada en el cultivo de trigo, se distingue por la alta proporción detectada para el género *Pratylenchus sp.* con un 64.3%, más del doble de la población del género que logró el segundo lugar, correspondiente a *Tylenchorhynchus sp.* con 30.6%.

Los fitonematodos restantes, mostraron una escasa actividad al obtenerse poblaciones relativamente bajas: *Psylenchus sp.* (2.7%), *Aphelechus sp.* (1.5%) y *Tylenchus sp.* con (0.9%).

Destaca la mayor proporción de la población de fitonematodos con 59.2%, detectada en el cuadrante II, donde de igual forma se determinó la mayor población de los género *Pratylenchus sp.* (688) y *Tylenchorhynchus sp.* (244); conducta observada en el Cuadro 4.

	Géneros de nematodos						
Cuadrante	***A**	***B**	***C**	***D**	***E**	**Σ**	**%**
I	166	148	22	0	6	342	21.3
II	688	244	14	2	1	949	59.2
III	57	85	0	17	3	162	10.1
IV	119	15	7	5	4	150	9.4
Σ	1030	492	43	24	14	1603	
%	64.3	30.6	2.7	1.5	0.9		**100.0**

*A. *Pratylenchus;* B. *Tylenchorhynchus;* C. *Psylenchus;* D. *Aphelenchus;* y E. *Tylenchus.*

Cuadro 4. Proporción de nematodos fitopatógenos, en el cultivo de trigo. Valle de Mexicali, B.C.

4.5. Conducta poblacional de nematodos patógenos por cuadrante, en los cultivos de trigo y alfalfa, en el Valle de Mexicali, B.C.

En la información se ha observado un comportamiento poblacional muy diverso y contrastante entre los cultivos estudiados, sin embargo las dinámicas también están influenciadas por el efecto de la textura de los suelos; lo cual se describe para cada cuadrante.

4.5.1. Conducta poblacional de nematodos patógenos en los cultivos de trigo y alfalfa, en el cuadrante I, en el Valle de Mexicali, B.C.

El cuadrante I se caracterizó por tener suelos predominantemente arcillosos, en donde resaltan en el cultivo de trigo, las poblaciones de *Pratylenchus* con 166, seguido de 148 fitopatógenos del género *Thylenchorhynchus*. Se detectó además que de los géneros de fitonematodos restantes, se cuantificaron poblaciones muy bajas con solo 22 identificados como *Psylenchus*, mientras que el género *Tylenchus sp.* obtuvo solo seis registros. No obstante, en el cultivo de alfalfa se detectaron siete géneros, destacando de nuevo *Pratylenchus* con 165 ejemplares, seguido de *Thylenchorhynchus* con 115 y *Xiphinema* con 39 larvas. Con una población semejante aunque escasa, se registraron los géneros *Aphelenchus* y *Tylenchus* con 29 y 27 respectivamente. La menor población

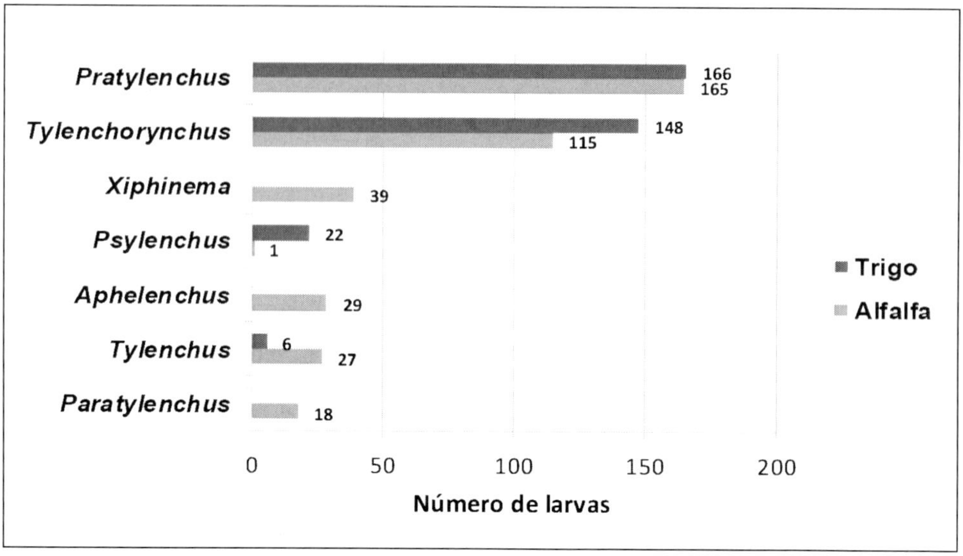

Gráfica 2. Población de nematodos patógenos, determinada en los cultivos de trigo y alfalfa, en el cuadrante I. Valle de Mexicali, B.C.

detectada fue para los géneros *Paratylenchus* con 18 y solo un registro para *Psylenchus.* (Grafica 2).

4.5.2. Conducta poblacional de nematodos patógenos en los cultivos de trigo y alfalfa, en el cuadrante II, en el Valle de Mexicali, B.C.

En contraste, en la zona correspondiente al cuadrante II, se observó una gran diversidad de texturas, razón por la cual se logró la mayor cantidad de fitonematodos en el cultivo de trigo, donde incide nuevamente la alta población de *Pratylenchus* con 688, muy por encima del número registrado por el género *Thylenchorhynchus*, con 244. *Psylenchus* fue un género de baja presencia con tan solo 14 microorganismos, mientras que *Aphelenchus* (2) y *Tylenchus* (1), prácticamente se mantuvieron inapreciables. En cambio, en alfalfa disminuyo el total de la población (187) más no así, el número de géneros, donde el más cuantioso fue *Tylenchorinchus* con 67, seguido de *Pratylenchus* con 53, seguidos de *Aphelenchus* (31) y *Tylenchus* (28). En contraste, los géneros con menor presencia fueron: *Xiphinema* (4), *Psylenchus* (3) y *Paratylenchus* (1). (Gráfica 3).

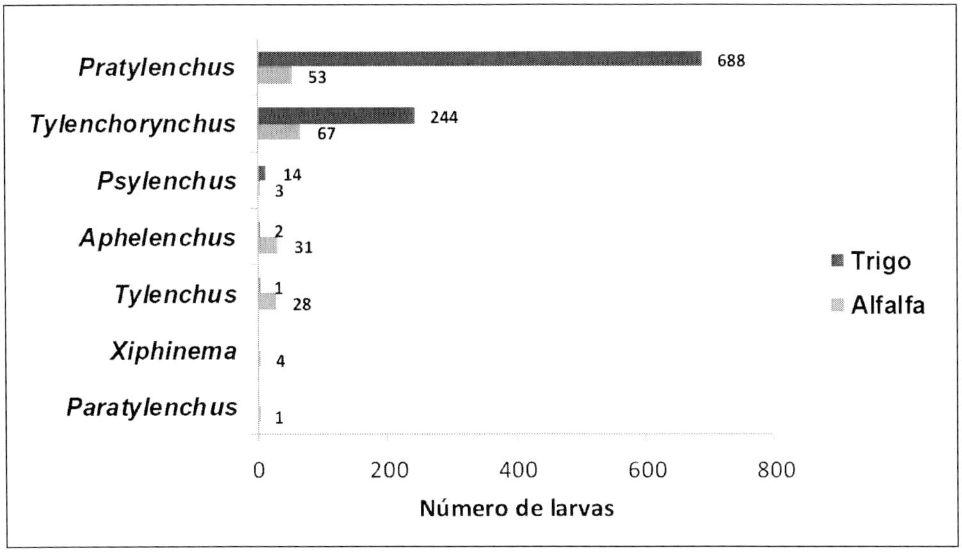

Gráfica 3. Población de nematodos patógenos, determinada en los cultivos de trigo y alfalfa, en el cuadrante II. Valle de Mexicali, B.C.

4.5.3. Conducta poblacional de nematodos patógenos en los cultivos de alfalfa y trigo, en el cuadrante III, en el Valle de Mexicali, B.C.

En el cuadrante III, (Gráfica 4), se logró el mayor porcentaje de suelo areno-limoso, relacionado a esto, observamos una mayor distribución de los géneros de nematodos especialmente en cultivo de alfalfa donde el género *Tylenchorinchus* fue el mayor con 109 individuos, en segundo lugar fue para *Pratylenchus* con 70 larvas, *Aphelenchus*, 30; *Xiphinema* y *Tylenchus* con 21 y 8 larvas respectivamente. En los dos últimos lugares se encuentran *Paratylenchus* (7) y *Psylenchus* (6). El comportamiento en el cultivo de trigo fue muy similar dado que los dos géneros con mayor número de larvas fueron *Tylenchorinchus* (85) y *Pratylenchus* (57) seguidos por *Aphelenchus* con 17 y por ultimo *Tylenchus* con solo 3 individuos detectados.

4.5.4. Conducta poblacional de nematodos patógenos en los cultivos de trigo y alfalfa, en el cuadrante IV, en el Valle de Mexicali, B.C.

En este cuadrante (Gráfica 5), a diferencia de los demás, se determinó la menor población de nematodos patógenos; aun así, en trigo se detectaron 119 ejempla-

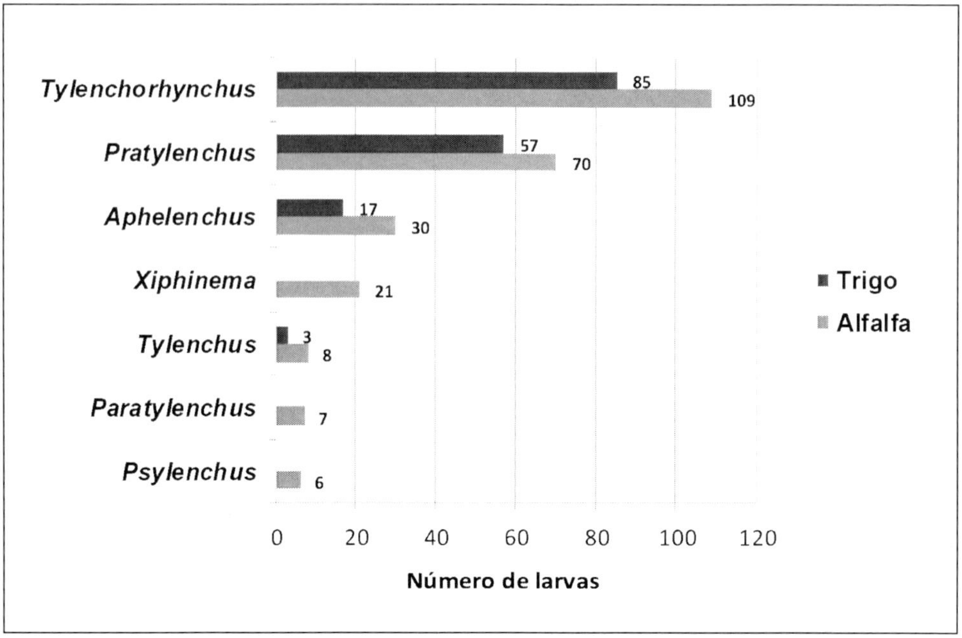

Gráfica 4. Población de nematodos patógenos, determinada en los cultivos de trigo y alfalfa, en el cuadrante III. Valle de Mexicali, B.C.

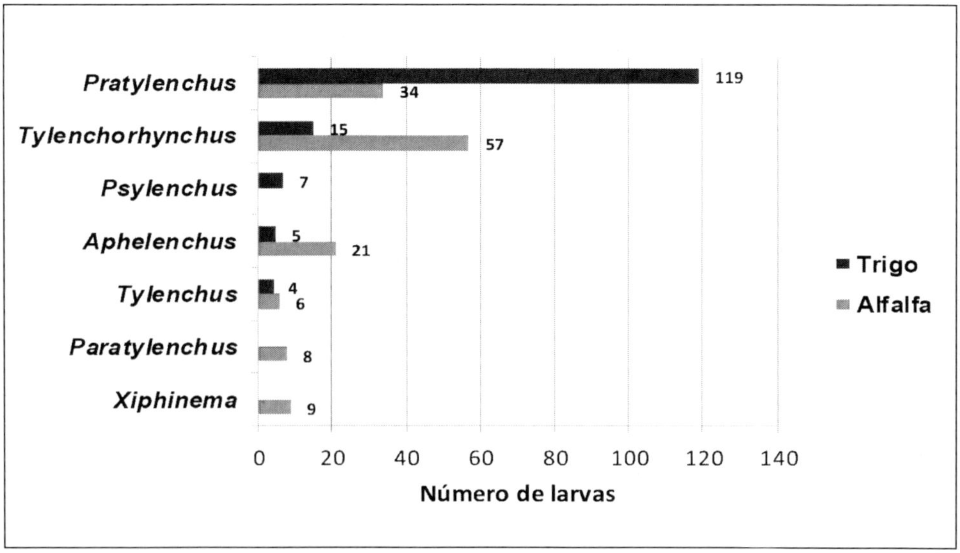

Gráfica 5. Población de nematodos patógenos, determinada en los cultivos de trigo y alfalfa, en el cuadrante IV. Valle de Mexicali, B.C.

res del género *Pratylenchus,* seguido de la localización de 15 larvas de *Tylenchorhynchus;* de *Psylenchus* 7 ejemplares y *Aphelenchus* con 5 larvas, uno más que *Tylenchus* (4). De la misma forma que se ha expresado el comportamiento de los géneros de nematodos, en el cultivo de alfalfa se detectaron 57 larvas del género *Tylenchorhynchus,* seguido por *Pratylenchus* con 34. Como resultado del muestreo, del género Aphelenchus, se encontraron 21 individuos. Del resto de los géneros asociados, *Xiphinema* arrojo un registro de tan solo 9 larvas; mientras tanto el género *Paratylenchus* con 8 y *Tylenchus* con 6, fueron los más escasos.

Capítulo 5

CONCLUSIONES

- En mayor o menor grado, los predios cultivados con alfalfa y trigo en el Valle de Mexicali, están expuestos a la presencia de diversos géneros de nematodos fitopatógenos. No obstante comparativamente, el cultivo de alfalfa genera un ambiente más apropiado para la diversidad de este tipo de microorganismos, al asociar a siete géneros, dos más que en el cultivo de trigo.

- Las poblaciones de nematodos encontrados en mayor proporción en ambas especies agrícolas, fueron *Pratylenchus sp.* y *Tylenchorhynchus sp.*; No obstante, en alfalfa, el género *Tylenchorhynchus sp.*, ocupó el primer lugar con 36.0%; población levemente superior a la detectada para el género *Pratylenchus sp.*, con 33.3%.

- Comparativamente en trigo, el género *Pratylenchus sp.*, ocupó el primer lugar con 64.3%, superando con más del doble al género *Tylenchorhynchus sp.* con 30.6%.

- Se detectó en ambas especies cultivables que resalta notoriamente la población registrada en un cuadrante determinado; en trigo, con una proporción de 59.2% en la zona agrícola correspondiente al cuadrante II, mientras que con un 40.7% determinado para el cultivo de alfalfa, en el cuadrante I.

Capítulo 6

BIBLIOGRAFÍA

Bogdan, J.D. (2001). *Cereals and Cereal Products: Chemistry and Technology.*

Buchanan, M., & Gliessman, S. (1991). *How compost fertilization affects soil nitrogen and crop yields. Biocycle.* December: 72-77.

Carrillo-Fasio, J.A., García-Estrada, R.S., Allende-Molar, R., Márquez-Zequera, I., & Cruz-Ortega, J.E. (2000). Identificación y distribución de especies del nematodo nodulador (Meloidogyne spp.) en hortalizas, en Sinaloa, México. *Revista Mexicana de Fitopatología,* 18, 115-119.

Casassa-Padrón, A.M., Pérez, P.E., González, C., Marín, M., & Sandoval, L. (2001). *Biological and chemical control of Meloidogyne incognita in guava* (Psidium guajava L.) *in Zulia state, Venezuela.* La Universidad del Zulia, Facultad de Agronomía, Instituto de Investigaciones Agronómicas.

Viceña, D.C. (2011). *Técnicas de extracción de nematodos patógenos en cultivos Agrícolas. Manual de prácticas de fitopatología.* Instituto de Ciencias Agrícolas. Universidad Autónoma de Baja California.

Ceceña, D.C., Méndez, P.P., & Cárdenas, S.V.A. (2000). *Aspectos fitopatológicos del cultivo del algodonero en el valle de Mexicali.* Curso Regional de Aprobación. ICA-UABC. México. p 4.

Viceña, D.C. (1999). Determinación de los agentes causales de la secadera de plántulas (Damping off) y su control en el cultivo del algodonero en el valle de Mexicali, B.C. Ciclos 1999-2000. *Publicado en la memoria del evento académico del III Congreso Internacional en Ciencias Agrícolas*, efectuado los días 9 y 10 de noviembre de 2000. pp. 240-246. Mexicali, B.C. México.

Chavarría-Carvajal, J.A. (1997). *Use of organic amendments and plant-parasitic nematodes: Effects on microbial activity and soil enzymes.* Ph.D. Thesis. Auburn University, AL. U.S.A.

Chavarría, J, Rodríguez-Kábana, R., Kloepper, J.W., & Morgan-Jones, G. (2001). Change in populations of microorganisms associated with organic amendments and Benzaldehyde to control plant-parasitic nematodes. *Nematropica*, 31(2), 165-179.

Chen, S.Y., Abawi, G.S., & Zuckerman, B.M. (2000). Efficacy of *Bacillus thuringiensis, Paecillomyces marquandii* y *Streptomyces costaricanus* with and without organic amendments against *Meloidogyne hapla* infecting lettuce. *Journal of Nematology,* 32(1), 70-77.

Chindo, P.S., & Khan, F.A. (1990). Control of root-knot nematodes, *Meloidogyne spp.*, on tomato, *Lycopersicon esculentum* Mill., with poultry manure, *Tropical Pest Management,* 36: 332-335. http://dx.doi.org/10.1080/09670879009371504

Cid del Prado y Manzanilla, L.R.H. (1992.). *Tabla de Características Morfológicas Para Identificar Nematodos Fitoparásitos.* Colegio de Postgraduados. México. 11 p.

Cook, R.J., & Baker, K.F. (1983). *The nature and practice of biological control of plant pathogens.* American Phytopathological Society Press. St. Paul, Minnesota, 539 pp.

Culbreath, A.K., Rodríguez-Kábana, R., & Morgan-Jones, G. (1986). Chitin and *Paecilomyces lilacinus* for control of *Meloidogyne arenaria. Nematropica,* 16(1), 153-166.

Dávila, M., Acosta, N., Betancourt, C., & Negrón, J. (1999). Capacidad quitinolítica de hongos aislados de suelos agrícolas infestados con el nematodo nodulador *(Meloidogyne spp.)* en Puerto Rico. J. *Agric. Univ. P.R.,* 83(3-4), 189-199.

Franco, J., González, A. & Matos, A. (1993). *Manejo Integrado del Nematodo quiste de la papa,* Globodera spp. Centro Internacional de la Papa (CIP). Programa de Investigación en Papa (PROINPA). 172 p.

García, S.G. (1992). *Determinación de la Relación entre el grado de Mineralización del Manto Freático y la Salinidad del Suelo.* Tesis de Maestría, Universidad Autónoma de Baja California. p. 30-33.

García-López, M., Carrillo-Facio, J.A., García-Estrada, R.S., Allende-Molar, R., Márquez-Zequera, I., & Cruz-Ortega, J.E. (2000). *Identificación y desarrollo embrionario del nematodo nodulador* Meloidogyne sp. *en hortalizas del valle de Culiacán, Sinaloa.* Memorias del XXVIII Congreso Nacional de la Sociedad Mexicana de Fitopatología. Querétaro, Querétaro, México. Resumen, p. 74.

Godoy, J.D., Bruna, A. Guiñez, A., & Magunacelaya, J.C. (2001). Control de *Meloidogyne arenaria* Raza 2, en tomate, con cuatro especies de hongos, en condiciones de invernadero. *X Congreso Nacional de Fitopatología.* Valdivia, Chile. Vol. 71(1-2), 33-73.

Godoy A.T P. (1999). *El nematodo agallador. En: Memorias del curso de Fitopatógenos del suelo en Hortalizas.* Universidad Autónoma de Sinaloa. Pág. 19-22.

González, R., & La Platina, H.C. (2001). Evaluación de diferentes productos de origen natural en el control de nematodos fitoparásitos en un parronal Thompson Sedles. INIA. *X Congreso Nacional de Fitopatología.* Santiago, Chile.

Goodell, B.P. (1997). *Cotton Nematodes, Your hidden enemies.* Belt wide Cotton nematode Survey and Education Committee. USA. P.1-2.

Gross, A. (1986). *Abonos. Guía práctica de la fertilización.* Ed. Mundi-Prensa. Madrid, España. 560 p.

Hue, N.V. (1997). Organic soil amendments for sustainable agriculture: organic sources of nitrogen, phosphorous, and potassium, Section O. En *Hawaii soil fertility manual.* CTAHR, University of Hawaii at Manoa.

Hue, N.V., & Liu, J. (1995). Predicting compost stability. *Compost Science and Utilization,* 3, 8-15. http://dx.doi.org/10.1080/1065657X.1995.10701777

Jatala, P. (1986). Biological control of plant-parasitic nematodes. *Ann. Rev. Phytopathol,* 24(4), 453-89. http://dx.doi.org/10.1146/annurev.py.24.090186.002321

Khan, H.U., Ahmand, R., Ahmed, W., Khan, S.M., & Khan, M.A. (2001). Evaluation of the combined effect of *Paecilomyces lilacinus* and *Trichoderma harzianum* against root-knot disease of tomato. *Journal of Biological Sciences,* 1(3), 139-142. http://dx.doi.org/10.3923/jbs.2001.139.142

Kolmans, E., & Vásquez, D. (1995). *Manual de Agricultura Ecológica. Movimiento Agroecológico de América Latina y el Caribe MAELA.* Primera Edición, SIMAS, CICUTES – Managua, Edit. Enlace. 222 p.

Lara-Martes, J., Acosta, N., Vicente, N., & Rodríguez, R. (1996). Control biológico de *Meloidogyne incognita* en tomate en Puerto Rico. *Nematropica* 26(2), 143-151.

Loof, P.A.A. (1991). The Family Pratylenchidae, Thorne. pp. 363-421. En Nickle, W.R. (Ed.). *Manual Agricultural Nematology.* New York, USA. 1035 p.

Martin, D.L., & Gershuny, G. (Eds.) (1992). *Rodale Book of Composting.* Rodale Press, Emmanus, Pennsalvania, USA.

Mc. Sorley, R., & Gallahear, R.M. (1996). Effect of yard waste compost on nematode densities and maize yield. *Supplement to Journal of Nematology,* 28, 655-660.

Medina-Cervantes, S. (1995). *Caracterización fenológica del brócoli (Brassica oleracea var. Italica) cv. Arcadia en el valle de Mexicali.* Tesis de Maestría en Ciencias. Instituto de Ciencias Agrícolas. Universidad Autónoma de Baja California. Mexicali, Baja California, México. 21 p.

Mojtahedi, H., Santo, G.S., Wilson, J.H., & Hang, A.N. (1993). Management *Meloidogyne chitwoodi* on potato with rape seed as green manure. *Plant Disease* 77(1), 42-46. http://dx.doi.org/10.1094/PD-77-0042

Naranjo, P.R., & Mackbel, C.J. (2002). Combate biológico de *Meloidogyne incognita* en el cultivo de Culantro Coyote (*Eryngium foetidum*) en Limón, Costa Rica. *Congreso Latinoamericano de Bioplaguicidas y Abonos Orgánicos.* CANIAN.

Overman, A.J. (2001). Enfermedades causadas por nematodos. En *Plagas y enfermedades del tomate.* Ediciones Mundi-Prensa. España. Pág. 49-52.

PML (2010). *Diccionario de Especialidades Agroquímicas.* Fertilizantes y productos orgánicos. Edición 19. 1772.

Raj, H., & Kapoor, I.J. (1997). Possible management of Fusarium wilt of tomato by soil amendment with composts. *Indian Phytopath,* 50, 387-395.

Ramírez, V., & Sainz, R. (2006). *Manejo integrado de las enfermedades del tomate.* Primera edición. México. Pág. 85-87.

Rico, N.A., Carrillo, F.C., & Solano, V.R. (2001). Nematodos fitoparásitos presentes en la rizósfera del crisantemo (*Dendrathema grandiflora* Tzevelez) en el municipio de Texcoco, Edo. de México. *Memorias del XXX Congreso Nacional de la Sociedad Mexicana de Fitopatología.* Querétaro, Querétaro. México. Resumen, p. 129.

Rodríguez-Kábana, R. (1991). Control biológico de nematodos parásitos de plantas. *Nematropica,* 21(1), 111-122.

Roe, N.E. (1998). Compost utilization for vegetable and fruit crops. *HortScience* 33, 934- 937.

Ruiz-Camacho, R. (1981). *Cultivo del Trigo y la Cebada.* Bogotá: Temas de Orientación Agropecuaria.

Rumbaaugh, M.D., Graves., W.L. Caddel, J.L., & Mohammad, R.M. (1988). Variability in a collection of alfalfa germoplasm from Morocco. *Crop Sci,* 28, 605-609. http://dx.doi.org/10.2135/cropsci1988.0011183X002800040005x

SAGARPA (2010). *Servicio de Información Agroalimentaria y Pesquera* (siap.mx) cierre de producción.

Sainz, M.J., Taboada-Castro, M.T., & Vilarino, A. (1998). Growth, mineral nutrition and mycorrhizal colonization of red clover and cucumber plants grown in a soil amended with composted urban wastes. *Plant and Soil,* 205, 85-92. http://dx.doi.org/10.1023/A:1004357330318

Smiley, R. (1994). *Soil Borne Crop Pathogens Under Direct Seeding: Nematodes.* Oregon State University. Oregon, USA. 4 p.

Steel, R.G.D., & Torrie, J.H. (1998). *Bioestadística, principios y procedimientos* McGraw-Hill, Interamericano de México, S.A. de C.V. p.572.

Yoo, S., Kobayashi, K., & Ogoshi, A. (1991). Ocurrence of the basal root of garlic in Hokkaido (Japan). *Memoirs of the Faculty of Agriculture Hokkaido University* (Japan), 17(4), 389-397.

Stirling, G.R. (1991). *Biological Control of plant parasitic nematodes progress, problems and prospect.* C.A.B. International, Wallingford, UK. 1-282 pp.

Taylor, A.L., & Sasser, J.N. (1983). *Biología, identificación y control de los nematodos del nódulo de la raíz (Especies de Meloidogyne).* I.M.P. Universidad del Estado de Carolina del Norte y la Agencia de Estados Unidos para el Desarrollo Internacional. 111 p.

Tisdale, S.L., Nelson, W.L., Beaton, J.D., & Havlin, J.L. (1993). *Soil fertility and Fertilizers.* 5th ed. Macmillan Publishing Company, New York, NY.

Woomer, P.L., Martin, A. Albrecht, A. Resk, D.V.S. & Scharpenseel, H.W. (1994). *The importance and management of soil organic matter in the tropics.* p. 47-80.

Zavaleta, M.E. (1987). Los modificadores orgánicos y su efecto sobre los nematodos fitoparasíticos. *Rev Mexicana Fitopatología,* 5(1), 105-111.

Made in United States
North Haven, CT
05 November 2026

21772471R00039